［韩］白明植 著/绘
史倩 译

黄河出版传媒集团
阳 光 出 版 社

哇，
真菌的天地！
你好！

大家好，我是真菌。

我生活在阴暗潮湿的地方。

我在6亿年前就登陆了地球。

人们都很讨厌我。

的确，我通身有一股酸臭味，

长相也不怎么好。

但是，我其实并不脏。

我会做很多很多的好事。

我们真菌能把数亿年来堆积的动植物尸体

收拾得干干净净。

可即便如此，人们还是讨厌我。

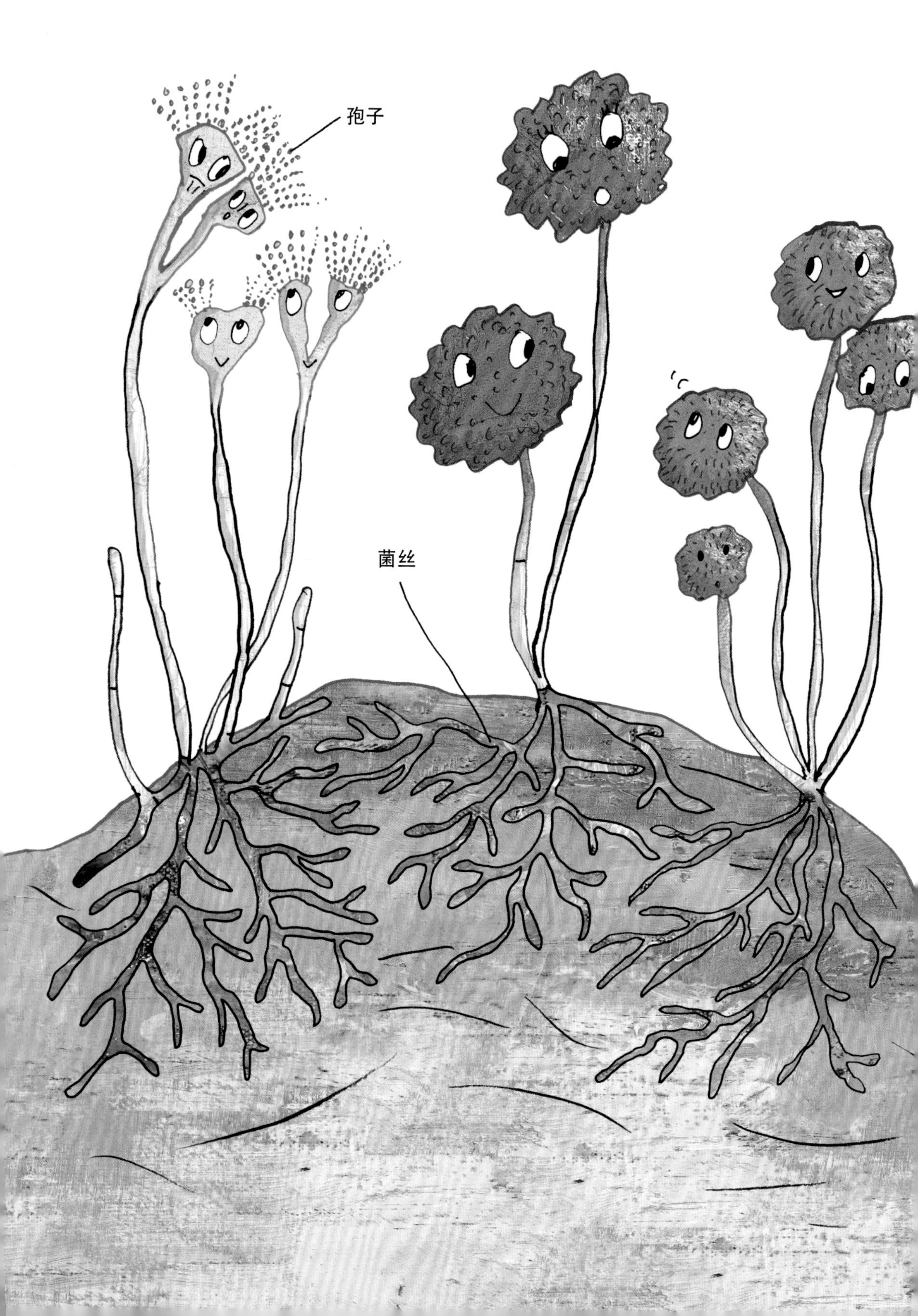
孢子
菌丝

我们真菌呈现出黑色、蓝色、红色等多种颜色。

因为每种真菌的孢子颜色各不相同。

孢子是什么呢？

孢子是真菌的生殖细胞。

真菌是用孢子代替种子繁殖的。

孢子的形态也不尽相同。

有菌丝断掉后的短粗形，圆鼓鼓的球形，

还有细长形……

菌丝是从孢子里发芽后，不断延伸和分枝而成。

菌丝像线一样，长得又细又长。

我是有两副面
孔的真菌！
缠人的
脚气！
吧唧吧唧
请放开我吧，
好疼！

我的特长是让食物变质和制造毒素。
我也很擅长让树和草木生病。
大麦的黑粉病、稻子的稻瘟病等，
都是我引起的疾病。
脚气和癣也都是我的作品。哈哈哈。
但是，你也没必要恐惧我。
我们也经常做很多好事。
青霉被用于制作治疗疾病的抗生素，
米曲霉能让酒、酱油和大酱更加香甜。

矿物质哗啦哗啦都出来了。

我是森林里的营养师。

我能制造出植物生长所必需的矿物质。

矿物质是指氮、磷、硫、钙、镁、钾、铁等。

我能分解落叶或枯死的树枝，

以及动物的粪便或尸体，

然后制造出矿物质。

植物利用根吸收我制造出的矿物质。

大家好，我是青霉菌。我的菌丝末端长得像扫帚一样。上面挂着的溜圆的东西就是孢子。

我们真菌通过孢子繁殖。
菌丝末端生出小孢子后，
将孢子放飞到空中，让子孙广为传播。
长得圆圆的孢子飞来飞去，
最后选定某个地方定居。
没错，不需要雌雄结合我们也能繁殖。
这种不需要雌雄结合也能繁殖的行为，
被人们称为“无性繁殖”。

弗莱明博士
太好了！青霉素可
以杀死细菌。
青霉素

好了，现在我们来夸赞一下自己吧。

我们可以打退引发疾病的细菌。

这件事是由一位名叫弗莱明的科学家偶然发现的。

“哇，青霉菌竟然杀死了细菌。

这说明青霉菌可以用于治疗由细菌感染而引起的疾病了！”

1928年，英国细菌学家弗莱明首次发现了世界上第一种抗生素——由青霉菌分泌的抑菌物质，青霉素。

在第二次世界大战期间，

青霉素拯救了无数人的生命。

怎么样？了不起吧！

我还是最棒的健康厨师。
大家应该都认识黄豆酱吧?
妈妈烧菜经常会用到黄豆酱,
你应该也吃过。
黄豆酱是用酱曲制作而成。
所以,要想黄豆酱好吃,就得充分发挥酱曲的味道。

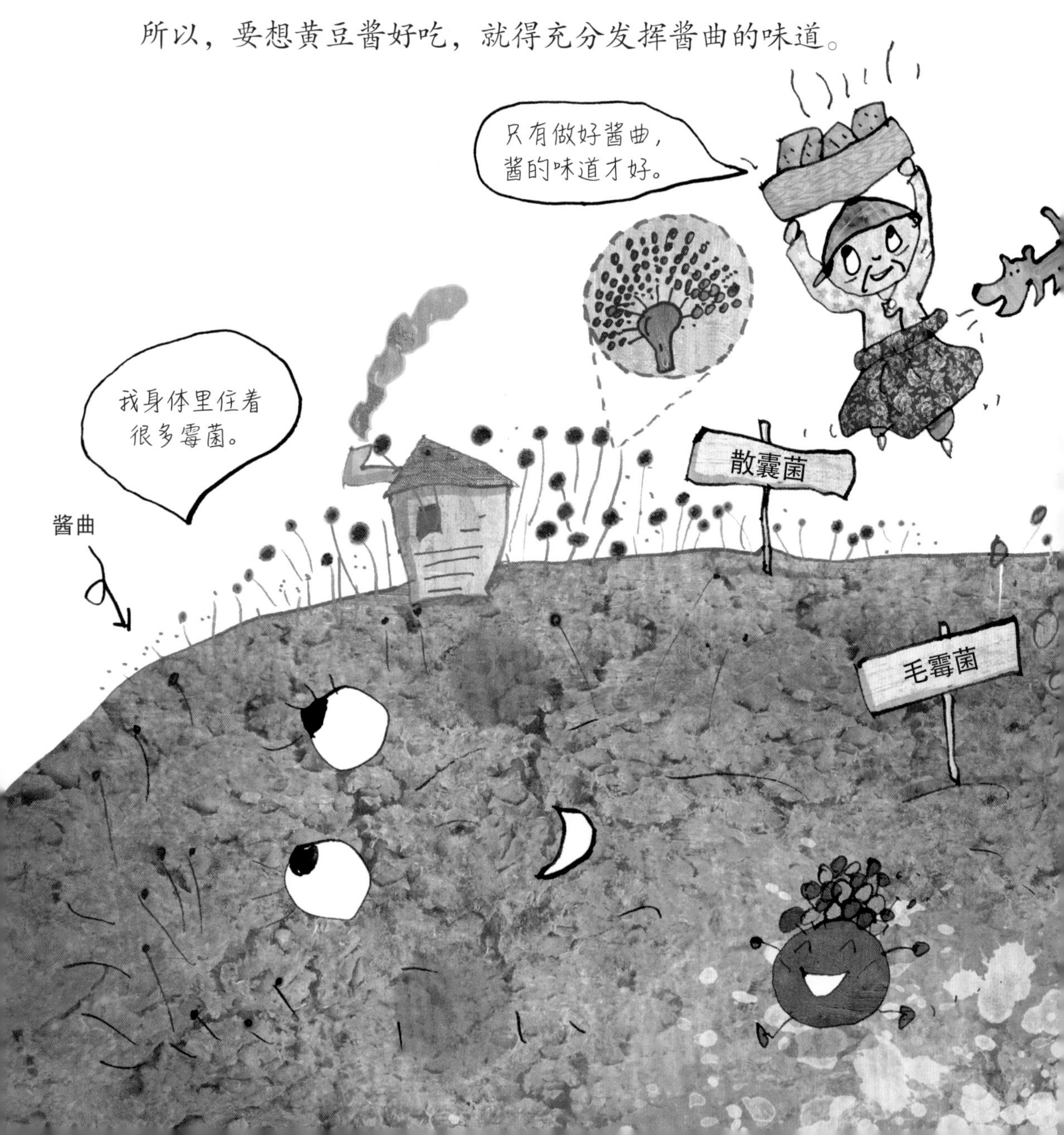

酱曲里存活着很多霉菌，霉菌是真菌的一种。

霉菌既能使酱曲更美味，

也能让它很难吃。

酱曲中有喜欢干燥处的散囊菌，

也有喜欢温暖处的横梗霉。

此外，酱曲里还有毛霉菌和米曲霉。

真菌讨厌阳光啊!

植物通过光合作用获得营养成分。

可进行光合作用，必须要有阳光。

而我们真菌不需要阳光。

我们能把植物制造的营养成分分解后吃下去。

我们更偏爱阴暗潮湿的地方。

和好的面团
捣碎的葡
酵母能让面包
膨胀起来。

对了，你知道做面包或者啤酒时需要酵母吗？

酵母不像其他真菌一样生长出菌丝。

它的长相更像细菌，圆鼓鼓的。

但是，酵母也属于真菌家族的一员。

酵母也叫酵母菌。

酵母菌能够利用糖类制造二氧化碳和乙醇。

酿造美酒的时候，酵母必不可少。

而二氧化碳受热会产生气泡，使面包得以膨胀。

酵母菌专用西餐厅
我喜欢吃捣碎的食物。
我们来了解一下双糖类的种类。
蔗糖（砂糖）=葡萄糖 果糖+
麦芽糖=葡萄糖 葡萄糖
乳糖=葡萄糖+半乳糖

酵母菌偏爱吃谷物或水果中的糖。

它不吃淀粉形态的糖，

只吃方便实用的单糖或二糖。

属于单糖类的有果糖、葡萄糖、半乳糖等。

正如其名，葡萄中含有很多葡萄糖。

所以葡萄遇到酵母菌，就能酿造出葡萄酒。

酵母菌可以将麦芽发酵，制作成啤酒。

麦芽是由大麦的幼芽晒干而成。

大麦虽然富含淀粉，

但大麦的嫩芽里有很多将淀粉转化为葡萄糖的酵素。

在大米里加入酒曲就可以制作米酒。

酒曲中不仅有酵母菌，还含有其他各种各样的真菌。

我这位既能做面包又能酿酒的朋友酵母菌，
喜欢生活在花、水果、土壤和昆虫的身体里。
对了，听说猴子也会泡酒喝。
你是不是感到好奇？猴子怎么会酿酒呢？
因为葡萄皮里含有很多酵母。
猴子只要把葡萄捣碎，就可以酿出酒了。

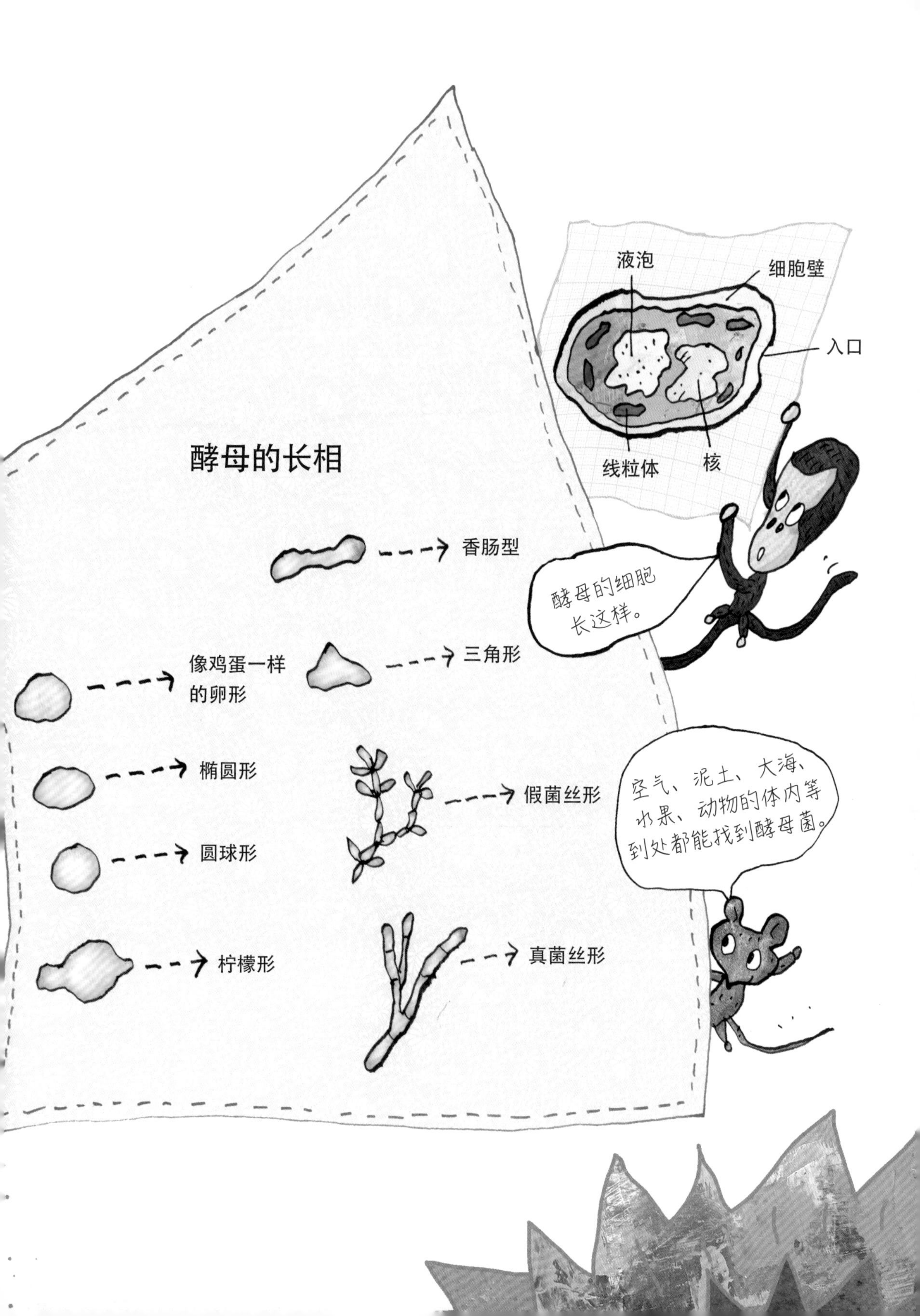
酵母的长相
香肠型
像鸡蛋一样的卵形
三角形
椭圆形
假菌丝形
圆球形
柠檬形
真菌丝形
液泡
细胞壁
入口
线粒体
核
酵母的细胞长这样。
空气、泥土、大海、水果、动物的体内等到处都能找到酵母菌。

呀呼！
我要飞得更远。
褶皱中满满都
是孢子。
现在是离开
的时候了。
这是我的朋友
蘑菇！

现在给大家介绍和霉菌差不多的蘑菇。
蘑菇和霉菌一样，
也是一种真菌。
它和霉菌一样通过生成孢子来繁殖。
菌类没有促成光合作用的叶绿素，
不能进行光合作用，
也就无法自己获得养分，
而是依靠其他生物制造的养分生活。

蘑菇竟然吃昆虫？
好神奇啊。
昆虫的体内
有蘑菇菌核。
呃，
我现在死定了！
菌核成长后，
会杀死寄主昆虫。
冬虫夏草
多入药。

还有在虫子体内生长的蘑菇。
蘑菇菌核进入昆虫的体内后，
在那里定居，最终杀死昆虫。
昆虫最后会变成蘑菇。
很神奇吧！
这种蘑菇就是“冬虫夏草”。
制作冬虫夏草的菌类不仅在昆虫体内生存，在土地中也能生存。
但是进入昆虫体内的话，
就会变成这种特别的蘑菇。
人们通常将冬虫夏草入药。

我再给你讲一个善良蘑菇的故事。

在非洲，切叶蚁住在高塔一样的家里。

在这个家中，有一间储存树叶和草叶的特殊房间。

切叶蚁们会在这个房间种下蘑菇孢子。

待蘑菇长成后，切叶蚁便喂给自己的幼虫吃。

换言之，切叶蚁会自己种蘑菇，

帮助孩子茁壮成长。

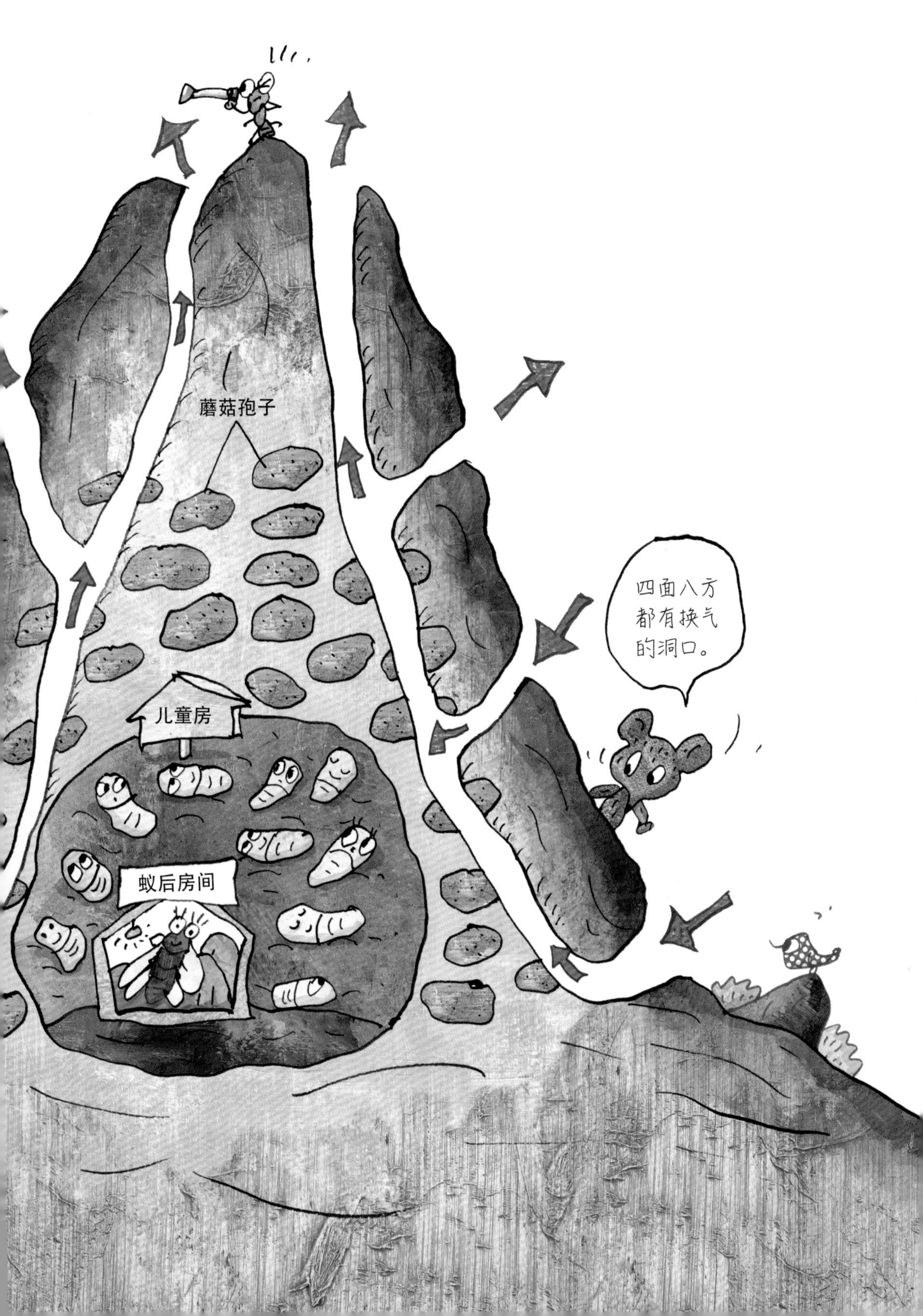
蘑菇孢子
四面八方
都有换气
的洞口。
儿童房
蚁后房间

地球上存活的真菌种类至少有5万种。
我们喜欢温暖潮湿的地方。
但是，也有一些霉菌朋友会藏在冰箱里的肉里。
青霉菌就生活在50摄氏度左右的地方。
虽然有些真菌对人有害，
但请你一定要记住，对人体有益的真菌也不在少数。
这样，真菌和人类就能在地球上幸福地生活啦！

世界上不存在没有
真菌的地方。
好想和人类
友好相处。

吵吵嚷嚷科学辞典

真菌

和细菌、病毒一样，同为微生物的一种。喜欢阴暗潮湿的地方。

多糖

由多个单糖组成的聚合糖高分子碳水化合物。淀粉、糖原、膳食纤维等属于多糖。

单糖

是碳水化合物最简单的形态。不会被消化，直接被血液吸收。葡萄糖、果糖、半乳糖等属于单糖。

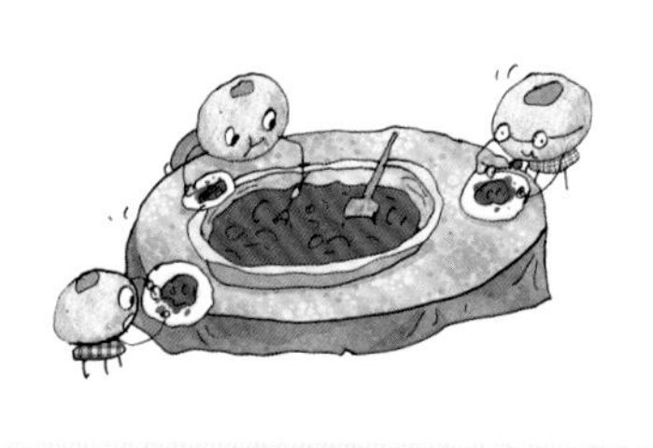

稻瘟病

指导致水稻的叶片、节、穗等枯死的疾病。当温度低、潮湿的时候，经常发生稻瘟病。

青霉素

是由从青霉菌中获取的抗生物质制成的抗生素。用于治疗由细菌感染引起的疾病。

孢子

为了乘风飞得更远，菌丝变成轻巧但结实的孢子形状。到了新的地方，就会变成菌丝继续生活。

抗生素

指能杀死细菌的物质。杀死真菌的物质称为抗菌剂，杀死病毒的物质称为抗病毒剂。

菌丝

指组成蘑菇和霉菌等真菌的细线形状的多细胞纤维。

黑粉病

是由属于黑粉菌属的真菌引发的疾病。患上黑粉病后，水稻等农作物的穗子上会出现包有白色或淡红色薄膜的病瘤，最后破裂。这时，病瘤中的黑粉就会暴露出来，使人们无法正常收获谷物。

酒曲

指酿酒时使用的发酵剂。由米曲霉在谷物中繁殖而成。

蘑菇

蘑菇也是微生物，和霉菌同属真菌。但蘑菇与其他微生物不同，它个头较大，人们可以用眼睛看到。生长在阴凉的土地和树上。一些蘑菇有毒。

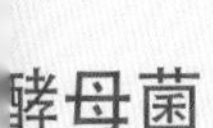

原基

指形成生物器官的最初发育阶段的细胞组织。蘑菇是由长大的菌丝纽结原基。

二糖

又名双糖，由二分子的单糖通过糖苷键形成。蔗糖、麦芽糖、乳糖都属于二糖。

酵母菌

是烤面包或者酿酒时使用的微生物。酵母菌是以细胞的一部分中长出小突起，并逐渐生长成新个体的出芽法进行繁殖。

图书在版编目（CIP）数据

长满微生物的书．真菌 /（韩）白明植著、绘；史倩译．-- 银川：阳光出版社，2022.4
ISBN 978-7-5525-6233-0

Ⅰ．①长… Ⅱ．①白… ②史… Ⅲ．①真菌－儿童读物 Ⅳ．①Q939-49

中国版本图书馆 CIP 数据核字（2022）第 023489 号

곰팡이
(Mold)
Text by 백명식 (Baek Myoungsik, 白明植), 천종식 (Cheon Jongsik, 千宗湜)

版权贸易合同审核登记宁字 2021008 号

长满微生物的书 真菌　　[韩] 白明植 著/绘　史倩 译

策　　划　小萌童书 / 瓜豆星球
责任编辑　贾　莉
本书顾问　千宗湜
排版设计　罗家洋　胡怡平
责任印制　岳建宁

黄河出版传媒集团
阳　光　出　版　社　出版发行

出 版 人　薛文斌
地　　址　宁夏银川市北京东路139号出版大厦（750001）
网　　址　http://www.ygchbs.com
网上书店　http://shop129132959.taobao.com
电子信箱　yangguangchubanshe@163.com
经　　销　全国新华书店
印　　刷　北京尚唐印刷包装有限公司
印刷委托书号　（宁）0022986
开　　本　787 mm×1092 mm 1/16
印　　张　2.5
字　　数　25 千字
版　　次　2022 年 4 月第 1 版
印　　次　2022 年 4 月第 1 次印刷
书　　号　ISBN 978-7-5525-6233-0
定　　价　138.00 元（全四册）